1ª EDIÇÃO

COMO AVALIAR CARROS USADOS? O GUIA BÁSICO PARA UM BOM NEGÓCIO!

SUMÁRIO

INTRODUÇÃO:

- BREVE INTRODUÇÃO AO TÓPICO
- EXPLICAÇÃO DA IMPORTÂNCIA DA AVALIAÇÃO ANTES DE COMPRAR UM VEÍCULO USADO
- VISÃO GERAL DO QUE SERÁ ABORDADO NO E-BOOK

CAPÍTULO 1: INSPEÇÃO VISUAL EXTERNA

- COMO AVALIAR A APARÊNCIA GERAL DO VEÍCULO
- VERIFICAÇÃO DE AMASSADOS, RISCOS E CORROSÃO
- INSPEÇÃO DOS PNEUS, FARÓIS, LANTERNAS E OUTROS ITENS VISÍVEIS

CAPÍTULO 2: INSPEÇÃO VISUAL INTERNA

- COMO AVALIAR A QUALIDADE DOS MATERIAIS E ACABAMENTO INTERNO
- VERIFICAÇÃO DO ESTADO DOS ASSENTOS, CARPETES E FORROS
- INSPEÇÃO DOS CONTROLES INTERNOS, COMO VOLANTE, ALAVANCA DE CÂMBIO E PAINEL DE INSTRUMENTOS

CAPÍTULO 3: INSPEÇÃO MECÂNICA

- COMO FAZER UMA INSPEÇÃO COMPLETA DA MECÂNICA DO VEÍCULO
- AVALIAÇÃO DO MOTOR, TRANSMISSÃO, SUSPENSÃO, FREIOS E OUTROS SISTEMAS MECÂNICOS
- VERIFICAÇÃO DO ÓLEO DO MOTOR, FLUIDOS, FILTROS E OUTRAS PEÇAS E COMPONENTES IMPORTANTES

SUMÁRIO

CAPÍTULO 4: TESTE DE DIREÇÃO

·COMO TESTAR O VEÍCULO EM DIFERENTES CONDIÇÕES DE DIREÇÃO
·AVALIAÇÃO DO DESEMPENHO E DA DIRIGIBILIDADE DO VEÍCULO
·VERIFICAÇÃO DO CONFORTO E DA ESTABILIDADE DURANTE A CONDUÇÃO

CAPÍTULO 5: TESTE DE EQUIPAMENTOS ELÉTRICOS, ELETRÔNICOS E DE SEGURANÇA

·COMO VERIFICAR A PRESENÇA E O FUNCIONAMENTO DE RECURSOS DE SEGURANÇA AVANÇADOS
·VERIFICAÇÃO DOS SISTEMAS DE ILUMINAÇÃO, SOM, AR-CONDICIONADO E OUTROS EQUIPAMENTOS ELÉTRICOS E ELETRÔNICOS
·AVALIAÇÃO DO FUNCIONAMENTO DOS SISTEMAS DE SEGURANÇA, COMO AIRBAGS E CINTOS DE SEGURANÇA

CAPÍTULO 6: HISTÓRICO VEICULAR

·COMO OBTER O HISTÓRICO DO VEÍCULO
·VERIFICAÇÃO DE REGISTROS DE MANUTENÇÃO, ACIDENTES E INCIDENTES ANTERIORES
·COMO INTERPRETAR INFORMAÇÕES IMPORTANTES DO HISTÓRICO VEICULAR

CAPÍTULO 7: TESTE DE CONSUMO

·COMO VERIFICAR O CONSUMO DE COMBUSTÍVEL DO VEÍCULO

SUMÁRIO

- AVALIAÇÃO DA EFICIÊNCIA DO CONSUMO EM DIFERENTES CONDIÇÕES DE DIREÇÃO
- VERIFICAÇÃO DO DESEMPENHO DO MOTOR EM RELAÇÃO AO CONSUMO

CAPÍTULO 8: CONFIANÇA DA MARCA E DO MODELO A SER AVALIADO

- COMO AVALIAR A CONFIANÇA E A REPUTAÇÃO DA MARCA E DO MODELO DO VEÍCULO
- ANÁLISE DA OPINIÃO DE ESPECIALISTAS E PROPRIETÁRIOS ANTERIORES
- VERIFICAÇÃO DE PRÊMIOS E RECONHECIMENTOS DO VEÍCULO NO MERCADO

CAPÍTULO 9: VALOR DO VEÍCULO EM RELAÇÃO AO MERCADO

- COMO COMPARAR O PREÇO DO VEÍCULO COM O VALOR DE MERCADO E COM OUTROS VEÍCULOS SIMILARES
- AVALIAÇÃO DO CUSTO-BENEFÍCIO DO VEÍCULO EM RELAÇÃO A OUTRAS OPÇÕES DISPONÍVEIS
- VERIFICAÇÃO DE DESCONTOS, PROMOÇÕES E OUTROS FATORES QUE PODEM AFETAR O VALOR DO VEÍCULO

CAPÍTULO 10: COTAÇÕES DE SEGURO VEICULAR

- COMO OBTER COTAÇÕES DE SEGURO VEICULAR PARA O VEÍCULO AVALIADO
- AVALIAÇÃO DOS PREÇOS E COBERTURAS OFERECIDAS PELOS DIFERENTES SEGURADORAS
- VERIFICAÇÃO DE BENEFÍCIOS ADICIONAIS OFERECIDOS PELOS DIFERENTES SEGURADORAS, COMO ASSISTÊNCIA 24H

INTRODUÇÃO

Se você está procurando um veículo usado, é essencial que faça uma avaliação cuidadosa antes de fazer a compra. Afinal, um carro usado pode ter muitas surpresas desagradáveis, como problemas mecânicos ou elétricos, histórico duvidoso ou manutenção inadequada.

É por isso que este e-book foi criado: para ajudá-lo a avaliar um veículo usado de forma eficiente e segura. Através deste guia, você aprenderá a identificar possíveis problemas e avaliar aspectos importantes do carro, como condição externa e interna, equipamentos e histórico veicular.

No primeiro capítulo, abordaremos a inspeção visual externa, incluindo dicas sobre como examinar a carroceria, vidros, pneus e outras partes externas do carro. Em seguida, no capítulo 2, iremos detalhar a inspeção visual interna, como bancos, volante, pedais, instrumentos e outros itens que devem ser avaliados antes da compra.

No capítulo 3, explicaremos como avaliar os aspectos mecânicos do veículo, como motor, transmissão, suspensão e freios. Depois, no capítulo 4, discutiremos a importância do teste de direção e como realizá-lo de forma eficaz.

No capítulo 5, abordaremos os equipamentos elétricos, eletrônicos e de segurança, incluindo a verificação do sistema de iluminação, ar-condicionado, sistema de som e outros equipamentos. No capítulo 6, falaremos sobre a importância do histórico veicular e como obter essas informações.

INTRODUÇÃO

No capítulo 7, discutiremos a importância do teste de consumo e como avaliar o desempenho do carro em termos de eficiência de combustível. Já no capítulo 8, abordaremos a confiança da marca e modelo a ser avaliado e como isso pode afetar sua decisão de compra.

No capítulo 9, você aprenderá a avaliar o valor do veículo em relação ao mercado e como isso pode influenciar o preço justo para a compra. Por fim, no capítulo 10, discutiremos a importância de cotações de seguro veicular, bem como de outros custos que devem ser levados em consideração antes de adquirir um veículo usado.

Com este guia, esperamos que você se sinta mais confiante ao avaliar um veículo usado. Lembre-se sempre de que a avaliação completa e minuciosa pode prevenir muitos problemas futuros e garantir que você faça uma compra segura e satisfatória.

CAPÍTULO 1

INSPEÇÃO VISUAL EXTERNA

CAPÍTULO 1

Ao procurar por um veículo usado, a inspeção visual externa desempenha um papel fundamental na avaliação do carro. Neste capítulo, vamos explorar os principais aspectos a serem considerados ao examinar a aparência geral do veículo e identificar possíveis problemas visíveis, como amassados, riscos e corrosão.

Aparência Geral do Veículo: Ao inspecionar a aparência geral, é crucial avaliar a qualidade da pintura, a condição dos vidros e outros componentes externos. Além de observar possíveis danos, como arranhões, amassados ou descoloração, é importante verificar se há sinais de reparos anteriores, como pintura irregular ou diferenças na cor. Esses indícios podem indicar um histórico de desgaste ou mau uso.

Verificação de Amassados, Riscos e Corrosão: Durante a inspeção da carroceria, é recomendado verificar minuciosamente a presença de amassados, riscos ou corrosão, especialmente nas bordas e nas partes inferiores do veículo. Esses sinais podem ser evidências de falta de cuidado ou manutenção adequada. Além disso, é importante observar se há peças soltas, como para-choques ou espelhos retrovisores, pois isso pode indicar reparos mal executados ou falta de atenção aos detalhes.

Avaliação da Pintura com um Medidor de Espessura de Tinta: Para uma avaliação mais precisa da qualidade da pintura, recomenda-se o uso de um medidor de espessura de tinta. Esse instrumento permite verificar a espessura da camada de tinta aplicada sobre a superfície do veículo. Variações na espessura podem indicar reparos na pintura ou repintura parcial do carro. É essencial estar atento a esses indícios para tomar uma decisão informada sobre a condição geral do veículo.

CAPÍTULO 1

Inspeção dos Pneus, Faróis, Lanternas e Outros Itens Visíveis: Além da carroceria, é fundamental avaliar os pneus, faróis, lanternas e outros componentes visíveis do veículo. Verifique se os pneus apresentam desgaste excessivo e se possuem profundidade de sulco adequada para garantir uma boa aderência à pista. Certifique-se de que os faróis e as lanternas estejam funcionando corretamente, e verifique a validade das lâmpadas presentes no conjunto óptico. Esses itens são essenciais para a segurança durante a condução.

Conclusão: A inspeção visual externa é um passo fundamental na avaliação de um veículo usado. Ao analisar a aparência geral, a carroceria, a pintura e os componentes visíveis, você pode identificar possíveis problemas e avaliar a condição do veículo de forma mais abrangente. Lembre-se de utilizar um medidor de espessura de tinta para verificar a qualidade da pintura, além de verificar a validade dos fluidos, pneus e bateria do veículo.

CAPÍTULO 2

INSPEÇÃO VISUAL INTERNA

CAPÍTULO 2

A inspeção visual interna é um passo crucial na avaliação de um veículo usado, permitindo que você verifique a qualidade dos materiais e acabamento interno, além de avaliar a condição geral do carro por dentro. Neste capítulo, iremos aprimorar sua habilidade em avaliar os materiais e acabamento internos, verificar o estado dos assentos, carpetes e forros, bem como inspecionar os controles internos.

1. Qualidade dos Materiais e Acabamento Interno

Ao avaliar a qualidade dos materiais e acabamento internos, é fundamental observar cuidadosamente se há sinais de desgaste ou danos. Verifique se há arranhões, manchas ou descoloração nos bancos, painel e outras superfícies. Além disso, procure por quaisquer indícios de reparos, como costuras soltas ou peças que não se encaixam corretamente. Esses sinais podem indicar um desgaste excessivo ou até mesmo um histórico de acidentes no veículo.

2. Estado dos Assentos, Carpetes e Forros

Ao analisar o estado dos assentos, carpetes e forros, concentre-se em identificar possíveis rasgos, furos ou manchas. Verifique se há desgaste excessivo em áreas de contato frequente, como o volante ou o banco do motorista. Essas áreas são mais propensas a mostrar sinais de uso prolongado. Avalie também a condição dos cintos de segurança, as alças de apoio e outros componentes do interior do veículo.

3. Controles Internos

CAPÍTULO 2

Durante a inspeção dos controles internos, é importante verificar se todos os equipamentos estão funcionando corretamente. Teste os botões de acionamento, as superfícies de direcionamento de ar, as tampas existentes na parte interna e todos os controles, como o volante, a alavanca de câmbio e o painel de instrumentos. Certifique-se de que não há botões presos ou danificados, e que todas as funções estão operacionais.

4. Teste de Todos os Equipamentos Internos

É de extrema importância verificar se todos os equipamentos internos estão funcionando corretamente antes de fechar um negócio. Teste o ar condicionado para garantir que esteja refrigerando adequadamente, verifique o sistema de som para confirmar se todos os alto-falantes estão funcionando e se o volume pode ser ajustado sem problemas. Certifique-se de que os vidros elétricos sobem e descem suavemente, os espelhos retrovisores elétricos ajustam-se corretamente, os faróis e lanternas internas estão em pleno funcionamento, e, caso haja um teto solar, certifique-se de que ele abre e fecha corretamente. Enquanto testa esses equipamentos, esteja atento a qualquer som estranho ou comportamento anormal que possa indicar problemas.

Conclusão

A inspeção visual interna é uma etapa essencial para avaliar a qualidade dos materiais e acabamento internos, verificar o estado dos assentos, carpetes e forros, bem como inspecionar os controles internos de um veículo. Certifique-se de que todos os equipamentos internos estejam funcionando corretamente e teste-os minuciosamente antes de fechar negócio. Dessa forma, você poderá avaliar a condição geral do veículo e identificar possíveis problemas antes de tomar uma decisão de compra.

CAPÍTULO 3

INSPEÇÃO MECÂNICA

CAPÍTULO 3

A inspeção mecânica é uma das etapas mais cruciais ao avaliar um veículo usado. É fundamental verificar o estado de todas as partes mecânicas, incluindo o motor, a transmissão, a suspensão, os freios e outros sistemas mecânicos. Neste capítulo, iremos aprofundar sua compreensão sobre a inspeção mecânica e os pontos-chave a serem verificados.

1. Importância de um Mecânico Especializado

Para garantir uma avaliação precisa, é altamente recomendado que a inspeção mecânica seja realizada por um mecânico especializado e de confiança. Um profissional experiente poderá avaliar todos os componentes com maior precisão e identificar possíveis problemas ocultos. Sua expertise é fundamental para uma análise detalhada e confiável.

2. Verificação do Motor

Durante a inspeção do motor, é crucial verificar o estado das buchas, correias, velas e superfícies plásticas presentes no cofre do motor. Avalie a limpeza e o desgaste desses componentes. Além disso, é essencial examinar as câmaras de combustão em busca de sinais de desgaste excessivo, acúmulo de sujeira ou outros problemas. Verifique se há vazamentos de óleo, líquido de arrefecimento ou outros fluidos, pois isso pode indicar problemas mais sérios.

CAPÍTULO 3

3. Avaliação da Transmissão

Na inspeção da transmissão, verifique o funcionamento suave e preciso do câmbio, a embreagem (caso seja um veículo de transmissão manual) e a caixa de marcha. Observe se há ruídos estranhos durante as mudanças de marcha ou se há dificuldade em engatar as marchas corretamente. Esses podem ser sinais de problemas na transmissão que precisam ser investigados.

4. Estado da Suspensão

Ao avaliar a suspensão, concentre-se no estado dos amortecedores, molas e buchas. Verifique se há vazamentos de óleo nos amortecedores e se as molas estão em boas condições, sem sinais de corrosão ou quebra. As buchas também devem ser examinadas quanto ao desgaste excessivo ou folga. Uma suspensão em bom estado é essencial para o conforto, estabilidade e segurança do veículo.

5. Teste dos Freios

Os freios são uma parte crucial da segurança do veículo. É necessário realizar um teste completo utilizando equipamentos especiais para verificar o funcionamento adequado do sistema de freios. Isso inclui avaliar a pressão do pedal, o tempo de resposta e a eficiência de frenagem. Verifique também o estado do fluido de freio e de arrefecimento, garantindo que estejam nas condições adequadas.

CAPÍTULO 3

6. Outros Componentes e Fluidos

Ao avaliar a mecânica do veículo, é importante verificar o estado do óleo do motor, dos fluidos, dos filtros e de outras peças e componentes relevantes. Verifique se os níveis de óleo e fluidos estão corretos e se não há sinais de contaminação ou vazamentos. Avalie também a condição dos filtros de ar, óleo e combustível, pois um filtro obstruído pode comprometer o desempenho do veículo.

Conclusão

A inspeção mecânica minuciosa é essencial para garantir a segurança e a confiabilidade do veículo que você pretende adquirir. Ao verificar o estado do motor, da transmissão, da suspensão, dos freios e outros componentes, você pode identificar problemas existentes e potenciais. Não hesite em contar com a ajuda de um mecânico especializado para uma avaliação mais precisa e confiável. Essa análise detalhada pode evitar problemas futuros e garantir que você faça uma escolha informada ao comprar um veículo usado.

CAPÍTULO 4

TESTE DE DIREÇÃO

CAPÍTULO 4

O teste de direção é uma das partes mais cruciais na avaliação de um veículo usado, pois permite que você avalie o desempenho, a dirigibilidade e o conforto do carro em diferentes condições de direção. Neste capítulo, aprofundaremos sua compreensão sobre o teste de direção e os aspectos-chave a serem observados.

1. Preparação para o Teste de Direção

Antes de iniciar o teste de direção, é essencial certificar-se de que o veículo esteja em boas condições mecânicas e de segurança. Verifique se todos os equipamentos e sistemas estão funcionando corretamente antes de começar a dirigir. Isso inclui os faróis, luzes de sinalização, limpadores de para-brisa, sistema de ar condicionado, sistema de som e outros dispositivos relevantes. Verifique também os pneus, a pressão deles e a presença de qualquer desgaste irregular.

2. Avaliação do Desempenho do Motor

Durante o teste de direção, é importante avaliar o desempenho do motor em diferentes faixas de rotação e em diferentes marchas. Observe a capacidade de aceleração suave e responsiva, bem como a capacidade de retomada de velocidade ao ultrapassar outros veículos. Preste atenção a quaisquer falhas no motor, perda de potência ou ruídos anormais que possam indicar problemas mecânicos.

CAPÍTULO 4

3. Teste do Sistema de Freios e Estabilidade

Durante o teste de direção, dedique atenção especial ao sistema de freios. Teste a capacidade de frenagem do veículo tanto em velocidades mais baixas quanto mais altas para avaliar a eficiência e a estabilidade do sistema de freios. Observe se há vibrações ou desvios na direção ao frear, pois isso pode indicar problemas com os freios ou com a suspensão. Certifique-se também de que o veículo mantenha a estabilidade em curvas e que não haja ruídos ou rangidos durante a condução.

4. Conforto e Qualidade de Condução

Avalie o conforto do veículo durante o teste de direção. Verifique a ergonomia dos bancos, o isolamento acústico e a qualidade da suspensão. Observe se há ruídos internos excessivos, que podem indicar desgaste de peças de acabamento, suspensão, freio ou motor. Preste atenção a qualquer desconforto causado por vibrações excessivas ou problemas de alinhamento. Lembre-se de que um veículo confortável proporciona uma experiência de condução mais agradável.

5. Diferentes Condições de Direção

Durante o teste de direção, é recomendado testar o veículo em diferentes condições de direção. Procure dirigir em estradas, ruas com pavimento irregular e em condições de trânsito mais intenso. Isso ajudará a avaliar a capacidade do veículo de lidar com diferentes situações e fornecerá uma visão mais ampla do desempenho geral do veículo.

CAPÍTULO 4

Conclusão

O teste de direção desempenha um papel crucial na avaliação de um veículo usado, permitindo que você detecte problemas que podem não ser visíveis durante a inspeção visual ou mecânica. Ao realizar um teste de direção abrangente, você pode avaliar o desempenho, a dirigibilidade e o conforto do veículo em diferentes condições. Dedique tempo suficiente para esta etapa e esteja atento a todos os detalhes para fazer uma avaliação precisa do veículo antes de tomar uma decisão de compra.

CAPÍTULO 5

TESTE DE EQUIPAMENTOS ELÉTRICOS, ELETRÔNICOS E DE SEGURANÇA

CAPÍTULO 5

Ao avaliar um veículo usado, é crucial verificar se todos os equipamentos elétricos, eletrônicos e de segurança estão funcionando corretamente. Neste capítulo, vamos explorar as etapas essenciais do teste desses componentes.

1. Verificação dos Recursos de Segurança Avançados

Os veículos modernos estão equipados com uma variedade de recursos de segurança avançados, como sistema de frenagem automática de emergência, monitoramento de ponto cego, assistente de permanência na faixa e muito mais. Certifique-se de que todos esses recursos estejam presentes e funcionando corretamente. Consulte o manual do proprietário para verificar a presença e o funcionamento de cada recurso e teste-os, se possível.

2. Teste dos Sistemas de Iluminação, Som, Ar-condicionado e Outros Equipamentos

Além dos recursos de segurança, é essencial testar todos os sistemas elétricos e eletrônicos do veículo. Verifique o funcionamento dos faróis, lanternas, setas, luzes de freio, luzes de ré e luzes de neblina. Teste o sistema de som, verificando se todas as caixas de som estão funcionando corretamente. Avalie o ar-condicionado, verificando se ele refrigera adequadamente e se os controles estão respondendo corretamente. Teste os vidros elétricos, travas elétricas, retrovisores elétricos e outros equipamentos similares, garantindo que todos os botões e comandos estejam funcionando corretamente.

CAPÍTULO 5

3. Avaliação dos Sistemas de Segurança

Os sistemas de segurança, como airbags e cintos de segurança, desempenham um papel crucial na proteção dos ocupantes do veículo em caso de acidente. Verifique se todos os airbags estão presentes e em bom estado de funcionamento. Teste os cintos de segurança, abrindo e fechando-os para garantir que estejam funcionando corretamente e sem folgas excessivas. Verifique também se não há desgastes nos cintos.

Destacamos a importância de avaliar os sistemas de segurança por meio de um scanner capaz de identificar códigos de erro ou mau funcionamento do veículo. Caso não possua um scanner, recomendamos levar o veículo a um mecânico especializado para realizar essa avaliação.

Realizar um teste completo dos equipamentos elétricos, eletrônicos e de segurança do veículo é essencial para garantir a segurança e o conforto durante o uso. Não negligencie essa etapa durante a avaliação de um veículo usado.

Conclusão

No capítulo 5, destacamos a importância de testar os equipamentos elétricos, eletrônicos e de segurança de um veículo usado. Certifique-se de verificar a presença e o funcionamento dos recursos de segurança avançados, testar os sistemas de iluminação, som, ar-condicionado e outros equipamentos elétricos, além de avaliar o funcionamento dos sistemas de segurança, como airbags e cintos de segurança. Garantir que todos esses componentes estejam em boas condições contribuirá para uma experiência de condução segura e satisfatória.

CAPÍTULO 6

IMPORTÂNCIA DO HISTÓRICO VEICULAR NA COMPRA DE UM CARRO USADO

CAPÍTULO 6

No Capítulo 6, abordamos a relevância do histórico veicular ao comprar um carro usado. O histórico do veículo contém informações valiosas que podem revelar problemas e auxiliar na tomada de decisão durante o processo de compra. A seguir, vamos expandir e aprimorar o conteúdo deste capítulo.

1. Obtendo o Histórico Veicular

Para obter o histórico do veículo, existem diversas empresas que oferecem o serviço de consulta online ou presencialmente. Essas empresas compilam dados de diferentes fontes, como registros de acidentes, manutenção, leilões, histórico de propriedade, entre outros. Além disso, é possível obter informações sobre multas e débitos diretamente do Departamento Estadual de Trânsito (Detran).

2. Verificando Registros de Manutenção, Acidentes e Incidentes Anteriores

Ao analisar o histórico veicular, é essencial verificar os registros de manutenção, acidentes e incidentes anteriores. Esses registros podem revelar informações cruciais sobre a condição do veículo e possíveis problemas recorrentes. Se o carro apresentar um histórico extenso de reparos e manutenção, isso pode indicar que ele requer cuidados mais frequentes do que o esperado.

CAPÍTULO 6

3. Interpretando Informações Importantes do Histórico Veicular

Ao analisar o histórico, é importante prestar atenção a certas informações-chave. Verifique a quantidade de proprietários anteriores, pois um veículo com muitas trocas de proprietários pode indicar problemas. Considere se o carro sofreu acidentes significativos ou foi recuperado de furto ou roubo, pois esses eventos podem afetar a integridade do veículo. Além disso, verifique se há débitos ou multas pendentes, pois isso pode resultar em problemas legais ou financeiros para o novo proprietário.

4. Obtendo um Laudo Cautelar

Recomendamos a obtenção de um laudo cautelar, realizado por empresas especializadas, como complemento ao histórico veicular. Esse laudo fornece informações adicionais sobre o carro, incluindo detalhes sobre a originalidade da carroceria, possíveis adulterações, histórico de sinistros, entre outros aspectos relevantes. O laudo cautelar é uma ferramenta importante na avaliação de um veículo usado e pode fornecer uma visão mais abrangente da sua condição.

Conclusão

No Capítulo 6, abordamos a importância do histórico veicular na compra de um carro usado. Exploramos a obtenção do histórico veicular por meio de empresas especializadas e do Detran, a verificação de registros de manutenção, acidentes e incidentes anteriores, a interpretação de informações relevantes e a importância de obter um laudo cautelar. Ao considerar o histórico veicular, você estará tomando medidas para evitar problemas e garantir uma compra segura e satisfatória.

CAPÍTULO 7

TESTANDO E AVALIANDO O CONSUMO DE COMBUSTÍVEL

CAPÍTULO 7

No Capítulo 7, abordamos a importância de considerar o consumo de combustível ao comprar um veículo usado. Agora, vamos expandir e aprimorar o conteúdo deste capítulo, fornecendo mais informações sobre como testar e avaliar o consumo de combustível de um carro.

1. Verificando o Consumo de Combustível do Veículo

Existem diversas maneiras de verificar o consumo de combustível do veículo. Uma opção é utilizar aplicativos para smartphones projetados para monitorar o consumo de combustível. Esses aplicativos registram a quantidade de combustível utilizado durante um determinado período e a distância percorrida, calculando assim o consumo médio. Outra opção é registrar manualmente o consumo de combustível em uma planilha, anotando a quantidade de combustível abastecido e a quilometragem percorrida.

Além disso, existem ferramentas especializadas de diagnóstico, como scanners automotivos avançados, que podem fornecer informações detalhadas sobre o consumo de combustível do veículo. Essas ferramentas permitem acessar dados do computador de bordo do veículo, incluindo informações sobre o consumo em tempo real e histórico.

2. Avaliando a Eficiência do Consumo em Diferentes Condições de Direção

Para obter uma avaliação abrangente da eficiência do consumo de combustível, é recomendado testar o veículo em diferentes condições de direção. Durante o teste, é importante manter a velocidade constante em cada modo de condução, como em estradas, ruas urbanas e rodovias. Anote o consumo de combustível em cada situação para comparar e avaliar a eficiência em diferentes ambientes.

CAPÍTULO 7

Lembre-se de que fatores como o trânsito, a topografia da região e o peso do veículo podem influenciar o consumo de combustível. Portanto, é fundamental realizar o teste em condições realistas, replicando o tipo de direção que você normalmente faz.

3. Verificando o Desempenho do Motor em Relação ao Consumo

O desempenho do motor também desempenha um papel importante na eficiência do consumo de combustível. Durante o teste, avalie o desempenho do motor em relação ao consumo, monitorando a aceleração em diferentes velocidades. Anote o consumo de combustível em cada situação para identificar padrões e comparar o desempenho.

É importante lembrar que o consumo real de combustível pode variar de acordo com diversos fatores, como o estilo de direção, o tipo de combustível utilizado, a manutenção adequada do veículo e até mesmo as condições climáticas. Portanto, é recomendado realizar o teste de consumo em diferentes situações de direção e considerar uma média para obter uma avaliação mais precisa da eficiência do consumo de combustível do veículo.

CAPÍTULO 7

Conclusão

No Capítulo 7, destacamos a importância de testar e avaliar o consumo de combustível ao comprar um veículo usado. Explicamos diferentes métodos para verificar o consumo, como o uso de aplicativos para smartphones, planilhas e ferramentas de diagnóstico. Também enfatizamos a importância de avaliar a eficiência em diferentes condições de direção e verificar o desempenho do motor em relação ao consumo. Lembre-se de que o teste deve ser realizado em condições realistas para obter resultados mais precisos. Ao considerar o consumo de combustível, você estará tomando uma decisão informada e econômica ao adquirir um carro usado.

CAPÍTULO 8

AVALIANDO A CONFIANÇA E A REPUTAÇÃO DA MARCA E DO MODELO

CAPÍTULO 8

No Capítulo 8, abordamos a importância de avaliar a confiança e a reputação da marca e do modelo do veículo que está sendo considerado para compra. Agora, vamos expandir e aprimorar o conteúdo deste capítulo, fornecendo mais informações sobre como realizar essa avaliação de forma eficaz.

1. Pesquisando sobre a Marca e o Modelo

O primeiro passo para avaliar a confiança e a reputação da marca e do modelo do veículo é realizar pesquisas detalhadas na internet. É recomendado consultar sites especializados em automóveis, fóruns e comunidades de proprietários, onde é possível encontrar avaliações, opiniões e comentários sobre o veículo em questão.

Ao ler essas avaliações, esteja atento a aspectos como segurança, qualidade, confiabilidade, desempenho, conforto e tecnologia. Considere tanto as opiniões positivas quanto as negativas para obter uma visão abrangente do veículo.

2. Opiniões de Especialistas

Além das opiniões de proprietários, é importante analisar a opinião de especialistas da área, como jornalistas automotivos e especialistas em carros. Esses profissionais geralmente realizam análises detalhadas dos veículos, destacando seus pontos fortes e fracos. Busque por análises e comparativos que abordem aspectos relevantes para você, como segurança, economia de combustível, conforto ou dirigibilidade.

3. Experiências de Proprietários Anteriores

CAPÍTULO 8

Outra fonte valiosa de informações são os proprietários anteriores do veículo. Se possível, entre em contato com eles para obter insights sobre a confiabilidade do carro, a qualidade da manutenção realizada e quaisquer problemas que possam ter ocorrido. Essas experiências podem fornecer uma perspectiva real sobre o veículo e ajudá-lo a tomar uma decisão mais informada.

4. Prêmios e Reconhecimentos

Verificar se o veículo já recebeu algum prêmio ou reconhecimento de órgãos ou instituições do mercado automotivo também é uma forma de avaliar sua confiança e qualidade. Prêmios de segurança, qualidade, design ou eficiência energética são indicadores positivos de que o veículo atende a altos padrões e pode ser uma escolha confiável.

5. Considerações Adicionais

É importante lembrar que a confiança na marca e no modelo do veículo não deve ser o único fator considerado na decisão de compra. É essencial avaliar também o estado geral do veículo, sua mecânica e seu histórico por meio de inspeções e análises detalhadas. Essa avaliação mais abrangente ajudará a garantir que você esteja fazendo uma escolha segura e confiável.

CAPÍTULO 8

Conclusão

No Capítulo 8, destacamos a importância de avaliar a confiança e a reputação da marca e do modelo do veículo. Explicamos a importância de pesquisar na internet, consultar especialistas, obter informações de proprietários anteriores e verificar prêmios e reconhecimentos. No entanto, ressaltamos que essas avaliações devem ser consideradas em conjunto com uma análise completa do veículo, incluindo seu estado geral e histórico, para garantir uma compra confiável e segura.

CAPÍTULO 9

AVALIANDO O VALOR DO VEÍCULO EM RELAÇÃO AO MERCADO

CAPÍTULO 9

No Capítulo 9, discutimos a importância de considerar o valor do veículo em relação ao mercado ao avaliar uma compra. Agora, vamos expandir e aprimorar o conteúdo deste capítulo, fornecendo mais informações sobre como realizar essa avaliação de forma abrangente.

1. Comparação com o Valor de Mercado

Para comparar o preço do veículo com o valor de mercado, é fundamental levar em consideração fatores como a idade, a quilometragem e as condições gerais do veículo. Sites especializados em compra e venda de veículos, como a tabela Fipe, podem ser úteis para fornecer uma referência de preços.

No entanto, é importante lembrar que o valor de mercado pode variar dependendo da localização geográfica e da oferta e demanda no momento da compra. Além disso, alguns modelos de veículos podem ter uma demanda maior, o que pode resultar em preços mais altos. Portanto, é recomendado pesquisar em diferentes fontes e consultar especialistas para obter uma avaliação mais precisa.

2. Comparação com Veículos Similares

Além da comparação com o valor de mercado, é essencial comparar o veículo com outros veículos similares. Isso ajudará a determinar se o preço é razoável em relação aos recursos e condições do veículo. Sites de compra e venda de veículos, assim como a consulta de opiniões de especialistas na área, podem ser úteis nessa comparação.

CAPÍTULO 9

Ao realizar essa comparação, leve em consideração fatores como a idade, a quilometragem, a condição geral, os recursos adicionais e a reputação da marca e do modelo. Isso ajudará a ter uma visão mais clara do valor do veículo em relação aos demais disponíveis no mercado.

3. Avaliação do Custo-Benefício

Ao avaliar o valor do veículo, é importante considerar o custo-benefício em relação a outras opções disponíveis no mercado. Além do preço de compra, leve em consideração fatores como a economia de combustível, o desempenho, a confiabilidade, o conforto e a segurança, bem como os custos de manutenção e reparo ao longo do tempo.

Um veículo com um preço inicial mais alto, mas com menor consumo de combustível e menor custo de manutenção, pode proporcionar um melhor custo-benefício a longo prazo. Portanto, é essencial avaliar todos esses aspectos para obter uma visão completa do valor do veículo.

4. Descontos, Promoções e Outros Fatores

Além dos fatores mencionados anteriormente, é importante estar ciente de descontos, promoções e outros fatores que possam afetar o valor do veículo. Algumas concessionárias oferecem descontos em veículos do modelo anterior quando um novo modelo é lançado, enquanto algumas montadoras oferecem incentivos financeiros para a compra de veículos elétricos ou híbridos.

CAPÍTULO 9

No entanto, é importante lembrar que alguns descontos podem ser oferecidos em detrimento do valor de revenda do veículo. Portanto, antes de tomar uma decisão de compra com base em descontos e promoções, considere todas as informações relevantes e pondere os benefícios a curto e longo prazo.

Conclusão

Ao avaliar o valor de um veículo em relação ao mercado, é crucial considerar o preço em comparação com o valor de mercado, com outros veículos similares e com outros fatores, como o custo-benefício, descontos e promoções. Realize pesquisas em diferentes fontes, consulte especialistas e leve em consideração todos os aspectos relevantes para obter uma avaliação precisa. Com essas informações em mãos, será possível tomar uma decisão de compra mais informada e obter um bom custo-benefício.

CAPÍTULO 10

AVALIANDO AS OPÇÕES DE SEGURO VEICULAR

CAPÍTULO 10

No Capítulo 10, discutimos a importância de verificar as opções de seguro veicular ao avaliar um veículo para compra. Agora, vamos expandir e aprimorar o conteúdo deste capítulo, fornecendo informações adicionais sobre como realizar essa avaliação de forma abrangente.

1. Como obter cotações de seguro veicular para o veículo avaliado

Existem diversas maneiras de obter cotações de seguro veicular para o veículo em avaliação. Além de buscar informações diretamente com as seguradoras, através de seus sites ou telefone, é recomendado utilizar comparadores de seguro veicular. Essas ferramentas permitem comparar preços e coberturas de diferentes seguradoras em um só lugar, facilitando o processo de obtenção de cotações.

Ao solicitar as cotações, forneça informações precisas sobre o veículo, como marca, modelo, ano de fabricação, quilometragem e características de segurança. Além disso, informe corretamente o seu perfil de motorista, incluindo dados sobre idade, histórico de sinistros e local de garagem do veículo. Essas informações serão usadas pelas seguradoras para calcular o valor do seguro.

2. Avaliação dos preços e coberturas oferecidas pelas diferentes seguradoras

Ao obter as cotações de seguro veicular, é crucial avaliar os preços e coberturas oferecidos por cada seguradora. Considere os seguintes aspectos durante a análise:

CAPÍTULO 10

·Valor da franquia: Verifique o valor da franquia, que é a quantia que você deve pagar em caso de sinistro. Certifique-se de que o valor da franquia seja adequado às suas necessidades e possibilidades financeiras.

·Valor da cobertura: Avalie o valor da cobertura oferecida pelo seguro. É importante que a indenização em caso de sinistro seja suficiente para cobrir os danos e prejuízos causados ao veículo.

·Assistência 24 horas: Verifique se o seguro oferece assistência 24 horas, que pode incluir serviços como guincho, troca de pneus e assistência mecânica. Esses serviços podem ser de grande utilidade em situações de emergência.

·Cobertura para terceiros: É fundamental verificar se o seguro oferece cobertura para danos causados a terceiros em caso de acidente. Essa cobertura é importante para proteger você e seu patrimônio contra eventuais responsabilidades legais.

3. Verificação de benefícios adicionais oferecidos pelas diferentes seguradoras

Além dos aspectos mencionados anteriormente, é importante verificar os benefícios adicionais que cada seguradora oferece. Alguns exemplos incluem:

·Carro reserva: Algumas seguradoras oferecem a opção de carro reserva em caso de sinistro. Isso significa que você terá acesso a um veículo substituto enquanto o seu estiver em reparo.

CAPÍTULO 10

·Cobertura para vidros: Verifique se o seguro oferece cobertura para danos aos vidros do veículo, como para-brisa e vidros laterais. Essa cobertura pode ser útil, pois os vidros são suscetíveis a danos em situações do dia a dia.

·Cobertura para acessórios: Verifique se o seguro oferece cobertura para acessórios instalados no veículo, como sistema de som, central multimídia, alarme, entre outros. É importante garantir que esses itens também estejam protegidos em caso de roubo, furto ou danos.

Conclusão

Ao avaliar um veículo para compra, é essencial verificar as opções de seguro disponíveis e avaliar os preços, coberturas e benefícios oferecidos pelas diferentes seguradoras. Realize uma análise cuidadosa, levando em consideração os aspectos mencionados neste capítulo. Dessa forma, você poderá escolher um seguro que atenda às suas necessidades, ofereça a proteção adequada para o seu veículo e proporcione tranquilidade em caso de sinistros ou imprevistos.

CONCLUSÃO

CONCLUSÃO

Neste e-book, fornecemos informações e técnicas que podem ajudar na compra de um veículo usado, tornando esse processo desafiador e arriscado mais seguro e informado. Ao longo do livro, discutimos diversos aspectos fundamentais a serem considerados durante a avaliação de um veículo usado, desde a análise da documentação até a realização de testes de desempenho e consumo.

Destacamos a importância de uma avaliação completa e minuciosa, abordando a documentação do veículo, histórico veicular, confiabilidade da marca e modelo, valor em relação ao mercado e obtenção de cotações de seguro veicular. Esses elementos são cruciais para auxiliar na tomada de decisão e garantir uma compra mais segura e satisfatória.

É fundamental ressaltar que a consulta a profissionais especializados, como mecânicos e avaliadores, é altamente recomendada para obter uma avaliação completa e precisa do veículo. Esses especialistas possuem conhecimento técnico e experiência para identificar possíveis problemas e fornecer orientações valiosas durante o processo de compra.

Comprar um veículo usado pode ser uma excelente alternativa para economizar dinheiro, mas é essencial realizar uma avaliação abrangente para evitar problemas futuros. Ao seguir as diretrizes e técnicas apresentadas neste e-book, você estará mais preparado para fazer uma escolha informada, que atenda às suas necessidades e proporcione segurança e satisfação como comprador.

CONCLUSÃO

Lembre-se sempre de pesquisar, comparar e realizar avaliações criteriosas. Seja diligente na verificação de documentos, histórico e condições do veículo. Além disso, não hesite em buscar aconselhamento profissional quando necessário. Dessa forma, você estará mais confiante e preparado para aproveitar as vantagens de adquirir um veículo usado.

Desejamos que as informações compartilhadas neste e-book sejam úteis e que você faça uma escolha consciente e satisfatória ao adquirir um veículo usado. Boa sorte em sua jornada como comprador e que você desfrute de muitas aventuras seguras e emocionantes ao volante!

AUTOR

Arquiteto e urbanista desde 2018, formado no Centro Universitário Metodista – IPA, em Porto Alegre – RS. Pós graduado em Educação contemporânea pelo Instituto Federal Sul Rio-grandense em Charqueadas – RS.

Atuante como autônomo em gerenciamento e condução de obras e projetos, desde 2019 como arquiteto contratado na Prefeitura Municipal de Cachoeirinha - RS, coordenando o setor de cadastro imobiliário e georreferenciamento. Também conduzindo obras, como do Centro de eventos da Pedreira em Eldorado do Sul, com mais de 3000m² de área construída implantada em um lote de mais de 1 hectare, gerenciando equipes de campo e produzindo os diversos projetos necessários para o desenvolvimento da obra.

Produtor de manuais digitais para a construção civil, sempre visando dar um passo a passo prático e de fácil compreensão, seja para o investidor ou para o arquiteto/engenheiro em início de carreira. Buscando dar ao leitor segurança na tomada de decisões, clareza nos processos e economia de tempo e recursos.

COMO PROJETAR E CONSTRUIR UM SISTEMA DE ILUMINAÇÃO

Fique em contato

Instagram:
@rholmerphilipe

Email:
rholmercms@hotmail.com

Portfólio:
behance.net/rholmerphilipe

BÔNUS

Item	Condição (Excelente/Bom/Regular/Ruim)	Observações
Documentação do Veículo		
- Título de Propriedade		
- Registro de Licenciamento		
- Certificado de Transferência		
- Documento de IPVA		
Histórico Veicular		
- Acidentes Registrados		
- Registro de Sinistros		
- Histórico de Manutenção		
- Histórico de Recall		
Testes de Desempenho e Consumo		
- Aceleração		

BÔNUS

- Velocidade Máxima

- Consumo de Combustível

Análise Mecânica

- Motor

- Transmissão

- Suspensão

- Sistema de Freios

Avaliação Interior e Exterior

- Condição dos Bancos

- Estado do Painel

- Funcionamento dos Equipamentos

Consumo de Combustível

- Média de Consumo

- Eficiência Energética

Inspeção Técnica Profissional

BÔNUS

- Mecânico		
- Eletricista		
- Funilaria/Pintura		
Confiança e Reputação da Marca		
- Pesquisa na Internet		
- Opinião de Especialistas		
- Feedback de Proprietários		
Valor em Relação ao Mercado		
- Comparação com Tabela Fipe		
- Comparação com Veículos Similares		
Cotações de Seguro Veicular		
- Valor da Franquia		
- Valor da Cobertura		

BÔNUS

- Assistência 24 horas

- Cobertura para Terceiros

Legenda:

Excelente: O item está em perfeitas condições, sem problemas ou desgastes
Bom: O item apresenta poucos sinais de desgaste ou problemas leves.
Regular: O item tem sinais moderados de desgaste ou necessita de pequenos reparos
Ruim: O item está em condições precárias, com problemas significativos ou desgastes severos.

Instruções:

1. Avalie cada item e subdivisão do checklist e selecione a opção que melhor descreve a condição do veículo

2. Registre observações adicionais, detalhando qualquer problema específico ou informação relevante.

3. Ao final da avaliação, analise os resultados para obter uma visão geral do estado do veículo usado.

Lembre-se de utilizar essa planilha como uma ferramenta auxiliar na avaliação do carro usado. Sempre é recomendado contar com a ajuda de um profissional qualificado para uma inspeção detalhada do veículo antes de finalizar a compra.

www.ingramcontent.com/pod-product-compliance
Lightning Source LLC
Chambersburg PA
CBHW070137230526
45472CB00004B/1571